Ekta Raut

Carvão ativado e sua preparação

Ekta Raut

Carvão ativado e sua preparação

ScienciaScripts

Imprint

Any brand names and product names mentioned in this book are subject to trademark, brand or patent protection and are trademarks or registered trademarks of their respective holders. The use of brand names, product names, common names, trade names, product descriptions etc. even without a particular marking in this work is in no way to be construed to mean that such names may be regarded as unrestricted in respect of trademark and brand protection legislation and could thus be used by anyone.

Cover image: www.ingimage.com

This book is a translation from the original published under ISBN 978-620-7-99910-1.

Publisher:
Sciencia Scripts
is a trademark of
Dodo Books Indian Ocean Ltd. and OmniScriptum S.R.L publishing group

120 High Road, East Finchley, London, N2 9ED, United Kingdom
Str. Armeneasca 28/1, office 1, Chisinau MD-2012, Republic of Moldova, Europe
Printed at: see last page
ISBN: 978-620-8-03800-7

CARVÃO ACTIVADO E SUA PREPARAÇÃO

ÍNDICE

1. INTRODUÇÃO GERAL

O sector agrícola desempenha um papel vital no desenvolvimento humano e económico. O impacto dos resíduos sólidos agrícolas no bem-estar humano e animal, bem como no ambiente, é substancial, o que se deve principalmente à ignorância na gestão dos resíduos sólidos agrícolas. O aumento da população humana e os avanços tecnológicos fizeram aumentar a procura de produção agrícola. Nos últimos cinco anos, a produção agrícola aumentou mais de três vezes, fornecendo 24 milhões de toneladas de alimentos a nível mundial. Quase todas as actividades agrícolas produzem resíduos, alguns dos quais representam uma séria ameaça para a saúde humana e para o ecossistema. Está documentado que os resíduos agrícolas contribuem para a emissão de cerca de 21% das emissões de gases com efeito de estufa (GEE). A maioria dos países em desenvolvimento não está a gerir adequadamente os resíduos agrícolas devido à falta de sensibilização para os seus potenciais riscos e benefícios. A produção agrícola inclui várias actividades agrícolas como o cultivo, a colheita, a produção animal, o armazenamento, a transformação, o consumo e o escoamento agrícola. Assim, uma melhor produção agrícola e a sua correcta valorização podem minimizar o seu impacto negativo no ambiente, na vida aquática e na saúde humana [1-4]. A biomassa agrícola é um produto complexo, orgânico ou não orgânico, naturalmente disponível. É vista como uma opção promissora e uma fonte de energia sustentável que pode ser transformada, através de aquecimento controlado, num produto de valor como o carvão ativado (CA). Todos os anos é criada uma grande quantidade de biomassa lignocelulósica que causa problemas ambientais e, por conseguinte, seguindo as regras da química verde, é possível reduzir os resíduos agrícolas e promover a utilização de matérias-primas sustentáveis a partir de resíduos agrícolas para obter novos produtos de valor. Neste sentido, uma alternativa ecológica pode transformar os resíduos agrícolas em carvão ativado. As características de qualquer carvão ativado dependem de várias propriedades da biomassa, como o seu tipo, % de humidade, % de cinzas, tamanho da partícula e composição química [5-7].

Os resíduos agrícolas são os resíduos gerados a partir do cultivo e da transformação de produtos agrícolas. Os resíduos agrícolas incluem resíduos animais, resíduos alimentares, resíduos de culturas e descargas agrícolas [6]. O tipo de resíduo agrícola gerado depende totalmente das actividades realizadas. Durante o cultivo, é comum a utilização de fertilizantes para matar insectos e pragas. Os fertilizantes são utilizados para aumentar a produtividade das culturas. No entanto, os fertilizantes, se utilizados em quantidades excessivas, causam poluição dos recursos hídricos devido ao escoamento superficial [8]. Atualmente, os resíduos gerados durante o cultivo, a produção animal e a aquicultura são tratados por métodos convencionais de eliminação, como a deposição em aterro, a queima em campo aberto e a compostagem, o que conduz à contaminação dos solos e à poluição atmosférica. Além disso, um material potencial como a biomassa lignocelulósica presente nos resíduos agrícolas não tem sido utilizado corretamente, em vez das suas muitas vantagens. A economia circular de base biológica significa a utilização de resíduos de base biológica para produzir produtos de valor acrescentado que ajudarão a minimizar os resíduos. A biomassa lignocelulósica tem sido amplamente utilizada na produção de bioetanol, biocombustível, produção de compostos aromáticos valiosos, etc. [9]. [9].

O segundo maior contribuinte agrícola a nível mundial é a Índia. O Ministério indiano das Energias Novas e Renováveis (IMNRE) documentou que a Índia gera cerca de 500 milhões de toneladas (MT) de resíduos agrícolas por ano. Destes, cerca de 92 MT de resíduos de culturas são queimados anualmente, o que provoca emissões desproporcionadas de partículas e poluição atmosférica [10-11]. De acordo com o relatório do Ministério da Agricultura e do Bem-Estar dos Agricultores de 2020, uma tonelada de palha de arroz queimada liberta partículas - 3 kg, CO - 60 kg, CO2 - 1460 kg, cinzas - 199 kg e SO2 - 2 kg. No que diz respeito aos nutrientes, uma tonelada de palha de arroz contém 5,5 kg de azoto, 2,3 kg de P4O10, 25 kg de K2O, 1,2 kg de enxofre, 50-70% de micronutrientes e 400 kg de carbono, que se perdem devido à queima das culturas e que, por sua vez, alteram as propriedades do solo [12-16]. No entanto, a gestão eficaz dos resíduos agrícolas é importante para minimizar o peso dos resíduos sólidos, bem como para resolver o problema da sua eliminação. Alguns dos subprodutos agrícolas são utilizados como matéria-prima para animais, materiais de enchimento, aditivos para o fabrico de papel, para combustão direta, aplicações de fertilizantes e digestão anaeróbia [10]. A agricultura é o maior sector biológico com produção de biomassa [17], que se torna um contributo vital para a bioeconomia [18]. Este facto constitui uma grande oportunidade para minimizar a utilização de combustíveis fósseis e as emissões de gases com efeito de estufa [19]. A conversão de bio-resíduos em produtos de valor e bioenergia também contribui para a melhoria de novos sectores do mercado verde [20-22].

Conscientes do aumento do perfil da procura e da pegada de carbono relativa das diferentes matérias-primas, os fabricantes de carvão ativado procuram ativamente alargar as aplicações das matérias-primas "renováveis". O carvão e os materiais lignocelulósicos são os materiais preliminares para a síntese de CA. Recentemente, foram envidados numerosos esforços para sintetizar CA a partir de resíduos sólidos agrícolas e, por conseguinte, a biomassa agrícola tem sido muito considerada nas últimas décadas para a síntese de carvão ativado a partir de processos termoquímicos. Devido às propriedades versáteis e às vastas aplicações potenciais dos materiais derivados da biomassa lignocelulósica, a biomassa não é hoje em dia um resíduo. A biomassa, uma fração biodegradável, tem origem na agricultura, na silvicultura e na indústria conexa. Os resíduos agrícolas são considerados biomassa lignocelulósica, que contém essencialmente três elementos essenciais: celulose, hemicelulose e lignina. A celulose é o principal constituinte, que é um polissacárido linear e é composto por uma longa cadeia de resíduos de glucose. As hemiceluloses são polímeros com um menor grau de polimerização. A lenhina é um material polifenólico com três álcoois aromáticos e forma um escudo protetor em torno da celulose e da hemicelulose [22-24]. Uma biomassa lignocelulósica contém 40-50% de celulose, 20-30% de hemicelulose e 10-25% de lignina [25-27]. Assim, é possível utilizar estes precursores carbonosos para produzir carvão ativado a partir de resíduos agrícolas. A composição elementar percentual [6-7] desta biomassa lignocelulósica rica em carbono é apresentada na tabela 1.1. A estrutura da celulose, hemicelulose e lignina, bem como os três principais componentes da biomassa lignocelulósica, são apresentados nas figuras 1, 2, 3 e 4 [28-29]. A composição elementar é apresentada na tabela 1.

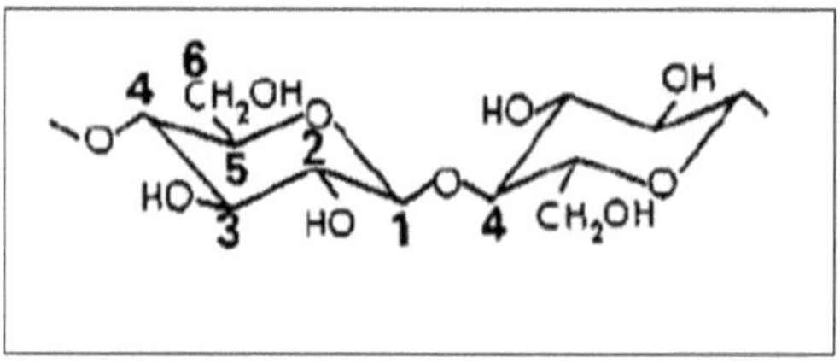

Fig. 1. Celulose

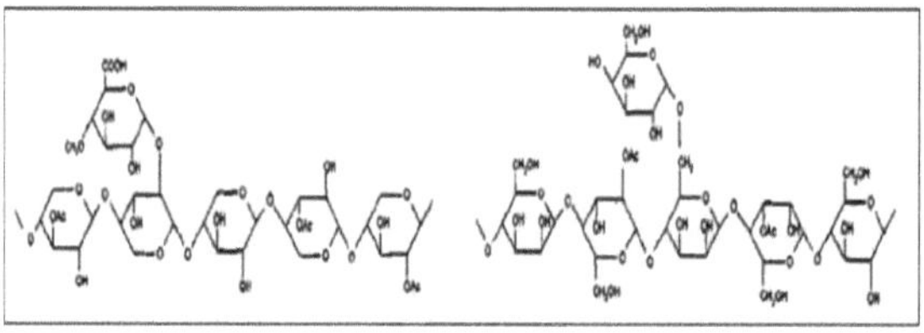

Fig. 2: Hemicelulose

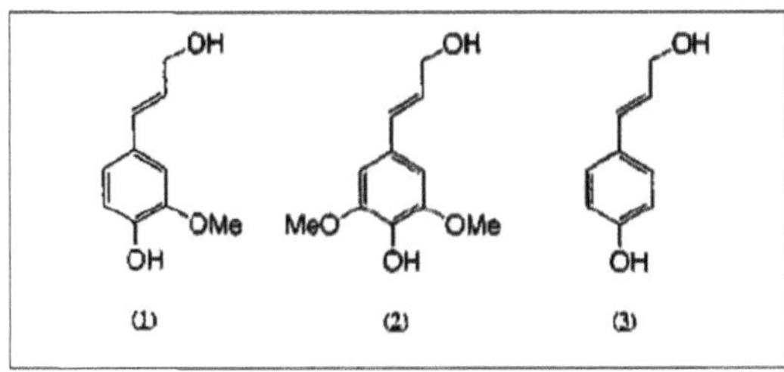

Fig. 3. Lenhina

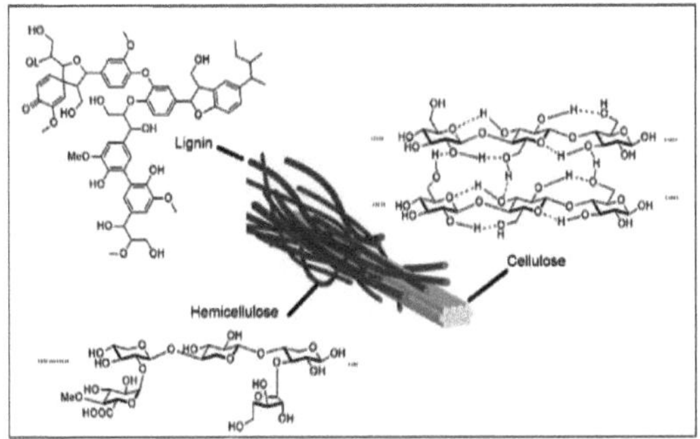

Fig. 4. Três componentes principais da biomassa lignocelulósica

Tabela 1. Composição elementar da celulose, hemicelulose e lignina [29]

Constituinte	% C (em peso)	%O (em peso)	%H (em peso)
Celulose	44.4	49.4	6.2
Hemicelulose	44.4	49.4	6.2
Lignina	62	32	6

A celulose é o biomaterial mais rico em carbono do mundo, produzido pelas plantas. É um homopolímero de glucose e monómeros que são unidos por ligações β-1, 4 de ligações glicosídicas [30]. A cadeia de celulose forma pontes H com o grupo -OH responsável pela formação da estrutura fibrosa [31]. A celulose é um polissacárido duro, fibroso e não solúvel em água que mantém a estrutura da parede celular da planta mais estável. A parede celular da planta é constituída por cadeias de celulose dispostas em feixes de microfibrilas. Esta disposição estabiliza as estruturas das plantas e confere-lhes uma elevada resistência [32]. Os grupos -OH (hidroxilo) presentes na superfície da celulose podem ser modificados quimicamente e utilizados como adsorvente para a absorção de iões metálicos tóxicos de águas residuais. A utilização de agentes químicos pode modificar as propriedades estruturais e físico-químicas do adsorvente [33].

A hemicelulose, uma fração de madeira presente nas paredes celulares das plantas, é classificada com base no tipo de resíduos de açúcar nela presentes. É constituída por açúcares como a D-xilopiranose, a D-galactopiranose, a D-glucopiranose, a D-manopiranose, a L-arabinofuranose, o ácido D-galactopiranosilurónico e o ácido D-glucopiranosilurónico com vestígios de açúcar [34].

A lenhina é um biopolímero excecionalmente estável produzido a partir da polimerização desidrogenativa de três monómeros de fenil propano, o álcool trans-p-cumarílico, o álcool trans-sinapílico e o álcool trans-coniferílico, que estão ligados entre si por ligações de éter [35-36].

A utilização desta biomassa lignocelulósica para a síntese de carvão ativado (CA) é uma abordagem importante para a minimização dos resíduos e dos custos. A conversão da biomassa em produtos verdes como o CA pode minimizar a degradação ambiental devido à contaminação do ar, da água e à acumulação de resíduos agrícolas. Além disso, a preparação de CA a partir de resíduos agrícolas em vez de combustíveis fósseis pode reduzir o aquecimento global [36].

Os carvões activados são formas não estruturadas ou amorfas de carbono que podem ser classificadas pela sua elevada porosidade interna e elevada capacidade de adsorção. A porosidade e a área de superfície são os principais parâmetros dos quais depende a capacidade de adsorção de qualquer carvão ativado. A estrutura do carvão ativado baseia-se nos métodos de preparação e no material inicial utilizado [37]. Os carvões activados são adsorventes flexíveis. Devido à sua maior área superficial, natureza microporosa e elevado grau de reatividade superficial, os carvões activados são bons adsorventes. Por conseguinte, são utilizados para a limpeza, descoloração, desodorização, descloração, separação, filtração e remoção de constituintes perigosos de líquidos e gases. Os carvões e as lignoceluloses são os materiais de partida para a preparação de CA. Atualmente, têm sido feitos vários esforços para preparar CA a partir de resíduos sólidos [38]. Os resíduos agrícolas podem ser convertidos em CA a partir de um processo termoquímico e têm sido objeto de grande atenção nos últimos anos [39]. Os factores como a natureza do precursor, o método de ativação e as condições de ativação têm um efeito considerável nas características físicas e texturais dos carvões activados. A biomassa lignocelulósica com elevado teor de carbono pode ser quimicamente/fisicamente transformada no melhor adsorvente como o CA. Os aditivos químicos seleccionados são H_3PO_4, $ZnCl_2$, KOH e K_2CO_3. O ácido fosfórico é o agente ativador mais utilizado, com carácter polar, que controla as interacções físicas e químicas que ocorrem durante a impregnação com material lignocelulósico [40-45]. O cloreto de zinco melhora o teor de carbono formando uma estrutura grafítica aromática. O produto químico entra na matriz de carbono produzindo poros a uma temperatura superior ao seu ponto de fusão. Quando o produto químico entra no material lignocelulósico, o carbono presente transforma-se em carbono ativado e ocorre a decomposição da hemicelulose e da lignina, produzindo assim uma estrutura porosa [46]. A utilização de óxidos alcalinos KOH e K_2CO_3 restringe a formação de alcatrão e outros líquidos que desenvolvem ligações cruzadas através da inibição do precursor, desenvolvendo ainda mais o volume dos poros e a área de superfície específica [47].

O carvão ativado é um material carbonáceo microcristalino, não grafítico e poroso, com grande capacidade de adsorção e elevado grau de reatividade superficial. A ligação entre os átomos de carbono do carvão ativado é uma ligação covalente, em que os átomos de carbono estão dispostos em camadas paralelas planas de grafite hexagonal. A porosidade interna, as características da superfície como a área superficial, o volume dos poros, a distribuição do tamanho dos poros e os grupos funcionais presentes na superfície desempenham um papel importante no aumento das capacidades de adsorção do CA, o que o torna um adsorvente versátil [48]. O CA pode ser utilizado na forma granular ou em pó e tem uma grande variedade de aplicações no sector doméstico e industrial. O CA pode ser preparado a partir de matérias-primas ecológicas com elevado teor de carbono. Durante o processo de ativação, o arranjo regular das ligações de carbono é perturbado, o que resulta na formação de espaços vazios ou centros activos na superfície do carbono. A natureza dos poros desenvolvidos depende do método de preparação utilizado. A seleção da matéria-prima para a preparação do CA deve conter menos matéria inorgânica, fácil acesso, disponibilidade barata, baixa degradação no armazenamento e fácil ativação [27].

O carvão ativado apresentado na figura 5 é um recurso renovável que pode ser utilizado para preparar produtos de elevado valor acrescentado e "verdes" [28]. Os carvões activados possuem uma área superficial elevada, que varia entre 500-2000 m^2 /g, com uma estrutura porosa e boas capacidades de adsorção.

Fig. 5. Carvão ativado

1.1 Procura de carvão ativado:

De acordo com os relatórios da indústria da Mordor Intelligence, o valor do mercado de carvão ativado no ano de 2020 foi de 1.666 quilotoneladas. O mercado está projetado para registrar CAGR (Taxa de crescimento anual composta) de mais de 3% para o ano de 2016-2026 [49]. Espera-se que o tamanho **do mercado de carvão ativado** valha cerca de **US \$ 5,4 bilhões em 2032**, de **US \$ 3,6 bilhões em 2022**, crescendo a um **CAGR de 4,2%** durante o período de previsão de 2023 a 2032 [50] mostrado na figura 6. Prevê-se que o principal fator de crescimento seja o aumento da procura de aplicações significativas de tratamento de águas residuais. O carvão ativado distingue-se pelos seus poros minúsculos. Estes poros aumentam a área de superfície do carvão ativado, o que, por sua vez, aumenta a sua capacidade de adsorção. O mercado do carvão ativado divide-se em função do tipo de produto, das aplicações, da indústria utilizadora final e da geografia. Como tipo de produto, o carvão ativado divide-se em carvão ativado em pó, carvão ativado granular e carvão ativado extrudido. Com base na aplicação, divide-se em purificação de gás, purificação de água, extração de metais, medicina e outras aplicações. Por produto final, é segmentado em tratamento de água, alimentos e bebidas, cuidados de saúde, sector automóvel, processamento industrial e outras aplicações. O tratamento da água é o maior domínio que utiliza o carvão ativado para a produção de filtros de tratamento da água, a remoção de substâncias orgânicas e inorgânicas, corantes, vestígios de substâncias, compostos não biodegradáveis, etc. No que respeita a todas as aplicações acima referidas, a procura de carvão ativado tem aumentado de dia para dia.

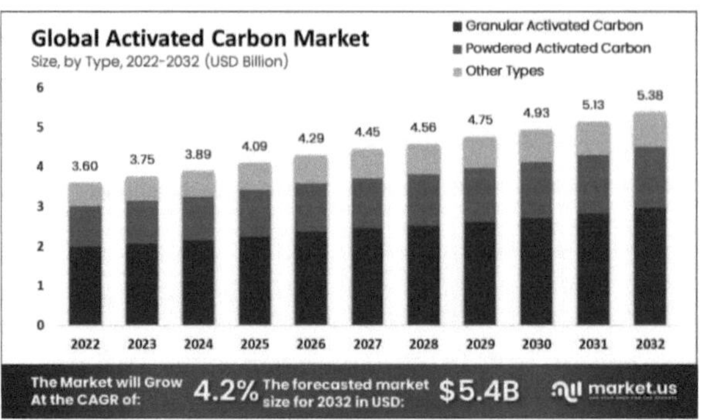

Fig. 6. Necessidade de carvão ativado

1.2 Tipos de carvão ativado:

Os carvões activados são produtos complexos que se classificam em função do seu comportamento, das suas características de superfície e dos seus métodos de preparação. Os carvões activados utilizados no mercado atual apresentam-se sob a forma de pó, granulado e pastilha. A sua classificação é feita em função do tamanho e da forma das moléculas. A sua classificação é a seguinte

1.2.1. Carvão ativado em pó (PAC):

O carvão ativado em pó tem um tamanho inferior a 100 µm com um diâmetro médio entre 15-25 µm. Os CAP's são normalmente utilizados em aplicações de adsorção em fase líquida e oferecem menos despesas de manuseamento e adaptabilidade na atividade.

1.2.2. Carvão ativado granular (GAC):

Os carvões activados granulares têm um tamanho entre 0,2 mm e 5 mm e podem ser utilizados tanto em aplicações de fase gasosa como líquida. Os GACs duram mais tempo do que os PACs e oferecem um tratamento limpo. Além disso, oferecem uma maior resistência (dureza) e podem ser recuperados e reutilizados.

1.2.3. Carvão ativado extrudido (EAC):

Os carvões activados extrudidos são cilíndricos, em forma de pellets, com dimensões que variam entre 1 mm e 5 mm. São utilizados em aplicações em fase gasosa. A Figura 7 (a), (b) e (c) mostra o aspeto do CAP, CAG e CAE [51-52].

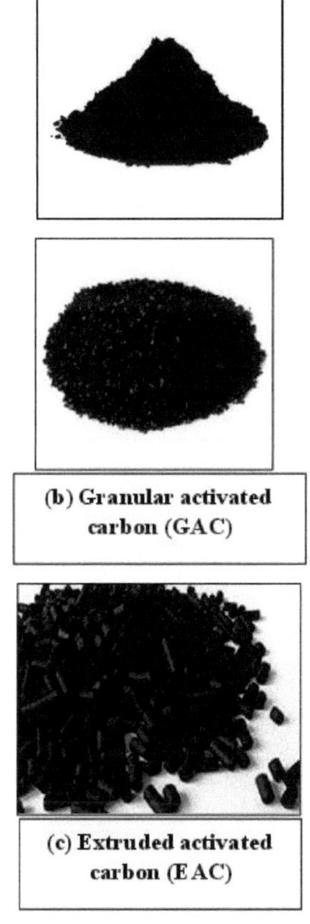

Fig. 7. a) Carvão ativado em pó (PAC)

1.3 Aplicações do carvão ativado:

O carvão ativado tem uma área de superfície elevada, o que o torna um adsorvente eficaz em muitas indústrias. As indústrias do petróleo, dos fertilizantes, nuclear, farmacêutica, cosmética, têxtil e automóvel utilizam o carvão ativado em grande escala. O CA é considerado um bom material poroso, o que o torna excecionalmente bom na adsorção de solutos da fase aquosa. Além disso, tem sido amplamente utilizado para: recuperação de solventes, separação de gases, remoção de corantes de águas residuais industriais e como catalisador no processo de produção de biodiesel. Os carvões activados são utilizados nas seguintes aplicações

1.3.1 Recuperação de metais:

O carvão ativado é uma ferramenta valiosa na recuperação de metais preciosos como o ouro e a prata [53].

1.3.2 Alimentos e bebidas:

O carvão ativado é geralmente utilizado nas indústrias alimentares e de bebidas para vários processos como a descafeinação, a remoção de componentes indesejáveis como o odor, o sabor e a cor [54].

1.3.3 Medicinal:

O carvão ativado pode ser utilizado para tratar envenenamentos [55].

1.3.4 Purificação dos gases de escape:

A adsorção de gases de escape é muito comum em estações de tratamento de água, tanques de armazenamento ou reactores, indústrias químicas, indústrias de medicamentos e corantes e refinarias de petróleo, bebidas alcoólicas, etc. Os compostos orgânicos voláteis são adsorvidos pelo carvão ativado, que acaba por purificar o ar [56].

1.3.5 Purificação de biogás:

O tratamento do gás é necessário durante a conversão do biogás em eletricidade. Para esta conversão, são necessários 99% de metano e a sua qualidade deve ser boa. Os componentes como o sulfureto de hidrogénio têm de ser removidos do fluxo de gás, uma vez que causam poluição. Para este efeito, são utilizados filtros de carvão ativado [57].

1.3.6 Remediação: Os filtros de carvão ativado são utilizados para limpar contaminações históricas, bem como para limpar catástrofes no local, como um camião-cisterna virado, um oleoduto com fugas de petróleo ou o tratamento de águas de incêndio após uma conflagração numa instalação industrial. A contaminação do solo e/ou das águas subterrâneas pode ser reduzida por filtros de carbono [58].

1.3.7 Produtos químicos:

Durante o fabrico de produtos químicos, formam-se certos subprodutos indesejáveis que podem não cumprir as especificações da água descarregada de acordo com as directrizes. Nesses casos, são utilizados filtros de carvão ativado para adsorver a contaminação devida aos subprodutos indesejáveis [59].

1.3.8 Tratamento de águas residuais:

A contaminação da água é muito comum durante o processo de produção. De acordo com as directrizes, a água deve ser tratada antes de poder ser

descarregada num esgoto ou em qualquer fonte de água. O carvão ativado é
utilizado no tratamento da água. A figura 8 a & b mostra as diferentes aplicações
do carvão ativado.

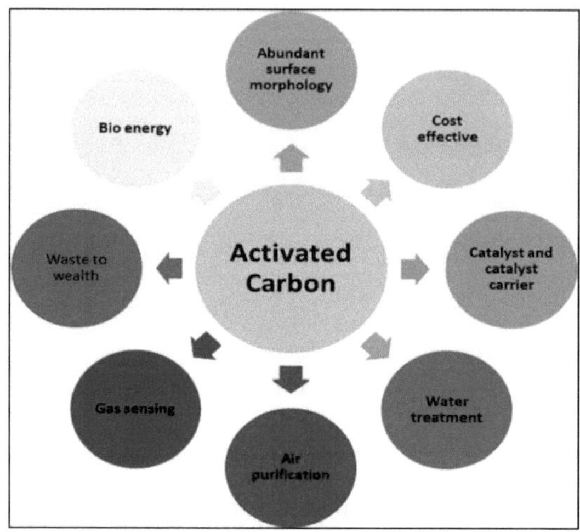

Fig. 8 (a). Aplicações do carvão ativado

Fig. 8 (b). Aplicações do carvão ativado

2. DIFERENTES MATÉRIAS-PRIMAS UTILIZADAS NA PREPARAÇÃO DE CARVÃO ACTIVADO

2.1 Carvão

Foram utilizados diferentes carvões para a síntese de carvão ativado. Yuannan Zheng et al. (2022) [60], utilizaram cinco tipos de carvões, desde o betuminoso ao antracite. O hidróxido de potássio foi utilizado para ativação química na proporção 1:3 (carvão:KOH) ativado entre 500-800C. Os resultados mostraram que a carbonização e a ativação alteraram subitamente a estrutura molecular de um carvão original.

Fig. 9. Carvão

2.2 Madeira

Alam S et al. (2021) utilizaram a madeira de Paulownia tomentosa como matéria-prima para preparar carvão ativado para a remoção dos corantes Acid Red 4 e Methylene Blue das águas residuais. Foram utilizados os métodos de ativação ácida e de ativação física. Os estudos de adsorção mostraram que o pH ótimo para o corante vermelho ácido 4 era 1 e para o azul de metileno era 8 com 0,3 mg de dose de adsorvente para ambos [61].

Fig. 10. Madeira de Paulownia

2.3 Lignina

A lenhina é a substância orgânica presente na madeira e nas cascas das árvores. A lenhina liga as células, as fibras e os vasos das árvores. Esta lenhina é um resíduo da indústria do papel e da pasta de papel e a sua eliminação constitui um grande desafio para o ambiente. Na indústria do papel, a lenhina dos resíduos industriais é utilizada como combustível devido ao seu elevado teor energético. Hayashi et al. (2000) [62] prepararam carvão ativado a partir de lenhina utilizando agentes químicos como o ácido fosfórico, o cloreto de zinco, o carbonato de sódio e o carbonato de potássio através de ativação química com uma razão de impregnação de 1,0. Os agentes activadores cloreto de zinco e ácido fosfórico produziram uma área de superfície de 1000 m^2 /g, enquanto o carbonato de potássio produziu uma área de superfície de 2000 m^2 /g. A partir deste estudo, observou-se que tanto o ácido fosfórico como o cloreto de zinco produzem a área de superfície mais elevada a 600°C. As áreas de superfície máximas do carbonato de sódio e do carbonato de potássio foram obtidas a 800°C. A razão de impregnação óptima foi de 1,0 e a temperatura de ativação foi de 600°C. Bedmohata et al. (2015) [63] utilizaram ácido fosfórico como agente ativador para a preparação de carbono a partir de lenhina por ativação química. Foi observado que à medida que a temperatura de ativação aumenta de 600 para 800°C, a área de superfície também aumenta de 780,52 m^2 /g para

1300,08 m^2 /g. As melhores condições de funcionamento são a razão de impregnação de H3PO4/lenhina = 1 e a temperatura de ativação de 800°C para aplicações em fase aquosa. Chaudhari et al. (2015) estudaram a degradação térmica da lignina na ausência e na presença de cloreto de zinco pelo método de irradiação por micro-ondas. O carvão ativado assim obtido foi utilizado para a absorção de iões metálicos tóxicos [64]. Nandanwar et al. (2019) estudaram a degradação térmica da lenhina em atmosfera de azoto na presença e ausência de catalisador. Os agentes químicos utilizados foram cloreto de zinco, carbonato de potássio, carbonato de sódio, hidróxido de potássio e hidróxido de sódio. A degradação térmica foi efectuada a 500°C com uma relação de impregnação de 1:1. O carvão ativado à base de cloreto de zinco dá um rendimento máximo de 58%. Observou-se que o rendimento do carvão ativado à base de cloreto de zinco é superior ao do carvão ativado preparado sem utilização de catalisador. A área de superfície (819,82 m^2 /g) do carvão ativado preparado com cloreto de zinco foi superior à do carvão obtido sem utilização de catalisador [65]. Meng et al. (2019) prepararam carvão ativado que dá uma superfície máxima de 765,3 m^2 /g utilizando cloreto de zinco como ativador [66].

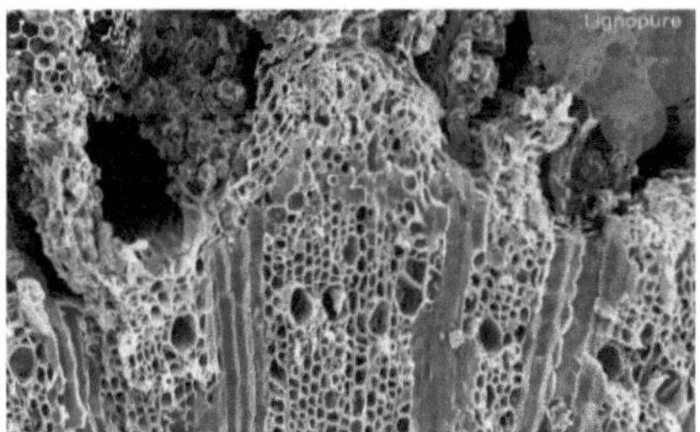

Fig. 11. Lenhina

2.4 Bagaço de cana-de-açúcar

O bagaço de cana-de-açúcar é o resíduo que resta após a extração do sumo de açúcar. Mohtashami et al. (2018) prepararam carvão ativado à base de ácido fosfórico com uma relação de impregnação de 1:1,5 para bagaço: H3PO4. O bagaço impregnado com ácido fosfórico foi ativado a 550°C durante 30 min. A área de superfície máxima obtida foi de 972,5 m^2 /g com volume de poros de 0,43 cm^3 /g [67]. Mutegoa et al. (2014) utilizaram KOH como agente químico para a ativação do bagaço. A temperatura de ativação para fazer carvão ativado a partir de casca de amendoim foi de 350°C com uma razão de impregnação de 1:2 e 700°C para bagaço de cana de açúcar com razão de impregnação de 1:1. À medida que a temperatura de ativação aumenta, a microporosidade do carbono também aumenta. Quanto maior for o número de iodo adsorvido, maiores serão os microporos desenvolvidos. A casca de amendoim tem um número de iodo mais baixo e, por conseguinte, foram desenvolvidos menos microporos em comparação com o KOH. A área de superfície máxima de 914,71m^2 /g foi obtida utilizando KOH como ativador [68]. O autor Thuan et al. (2016) preparou carvão ativado a partir de bagaço com ativador de cloreto de zinco à temperatura de ativação de 400, 500 e 600°C. A conclusão retirada dos estudos é que o rendimento máximo (45,7%) foi obtido a 500°C com área superficial máxima de 1502,1 m^2 /g. Verificou-se que os carvões activados têm estruturas irregulares com vários grupos funcionais de superfície [69]. O pesquisador Misran et al. (2018) estudou o processo de carbonização da preparação de carvão ativado feito a partir de bagaço de cana-de-açúcar e caule de banana. Em seu estudo, o ativador utilizado foi o H3PO4 com razão de impregnação de 1:1. A carbonização foi efectuada a 400°C durante 30, 45 e 60 minutos. O maior rendimento foi de 46,73% com área superficial máxima de 1130,46 m^2 /g [70]. Ghani et al. (2017) prepararam carvão ativado a partir do caule da banana usando ZnCl2 como agente ativador a 400°C, 600°C, 800°C por 30 min, 60 min e 90 min. A razão de impregnação utilizada foi de 1:1, 3:1 e 5:1. A área de superfície máxima obtida foi de 1329,5 m^2 /g com um volume de poros de 1,16 cm^3 /g [71].

Fig. 12. Bagaço de cana-de-açúcar

2.5 Casca de arroz

A casca de arroz é o subproduto da produção de arroz. Durante a produção de arroz, a casca de arroz contribui para cerca de 20% do peso do arroz. Assim, a casca de arroz pode ser uma solução potencial para a produção de carvão ativado. O pesquisador Altıntıg et al. (2015) utilizou a casca de arroz para fazer carvão ativado usando ZnCl2 como ativador a 700 ° C sob atmosfera de nitrogênio por 2 horas. As diferentes proporções de impregnação de cloreto de zinco: casca de arroz foram 1:1, 2:1, 3:1 e 4:1. O rendimento mais elevado de 40,90% foi obtido com uma razão de impregnação de 4:1 com uma área de superfície BET de 922,319 m^2/g. A partir do estudo foi observado que à medida que a quantidade de cloreto de zinco aumenta, o rendimento do carvão ativado também aumenta [72].

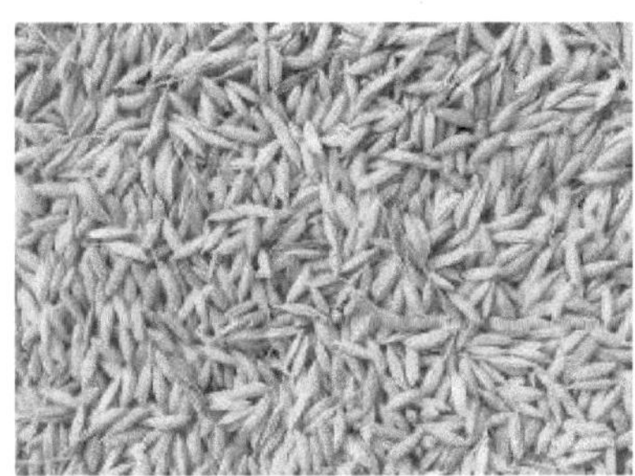

Fig. 13. Casca de arroz

2.6 Cascas de frutos

Os pesquisadores usaram cascas de frutas para fazer carvão ativado. Pandiarajan et al. (2018) utilizaram KOH para impregnar e ativar cascas de laranja a 700°C durante 2 horas em atmosfera de azoto. Um rácio de impregnação de carbono/KOH = 1:2. A área de superfície alcançada foi de 592,471 m^2 /g com volume de poros de 0,242 cm^3 /g [73]. O autor Thuan et al. (2016) preparou carbono ativado a partir de cascas de banana a 500°C impregnadas em KOH com rácio de impregnação de 1:1 (Char :KOH) durante 1 hora. A área de superfície BET obtida foi de 63,5 m^2 /g. Gutierrez et al. (2018) impregnaram e activaram cascas de laranja utilizando ácido fosfórico a 300, 700 e 1200°C durante 1 hora. A área de superfície obtida para três temperaturas diferentes foi de 225,6, 248 e 240 m^2 /g, respetivamente, com volume de poros de 14,5, 13, 15,5 cm^3 /g [74].

Fig. 14. Cascas de frutos

2.7 Cascas de coco

As cascas de coco estão facilmente disponíveis e oferecem uma maior área de superfície. O carvão ativado preparado a partir de cascas de coco é utilizado em filtros de água e respiradores. O investigador Das et al. (2015) preparou carvão ativado a partir de casca de coco, utilizando cloreto de zinco como agente ativador. A razão de impregnação foi tomada como 1:1. A ativação química foi feita a 650°C durante 1 hora sob atmosfera de azoto. A partir dos estudos, observou-se que houve mais adsorção de azoto no carvão ativado porque se desenvolveram poros em excesso no momento da ativação e da carbonização do que no precursor não tratado. A área de superfície BET do carvão ativado observada foi de 995,799 m^2 /g em comparação com o precursor bruto com uma área de superfície de 59,728 m^2 /g [75]. O autor Gratuito et al. (2008) preparou carvão ativado a partir de casca de coco. O agente ativador selecionado foi o ácido fosfórico. O carvão ativado foi impregnado em solução de ácido fosfórico com as razões de impregnação de 1, 1,5 e 2. A temperatura de ativação utilizada foi de 400, 450 e 500°C durante 10, 20 e 30 minutos. As condições optimizadas foram estudadas durante a experiência, ou seja, razão de impregnação= 1,345 a 2, temperatura de ativação= 394 a 416°C e tempo de ativação= 1,9 a 23,9 min. A condição óptima para as três condições acima referidas foi a razão de impregnação 1,725, o tempo 19,5 min e a temperatura 416 °C [76].

Fig. 15. Cascas de coco

2.8 Grãos de destilação

O autor Yang et al. (2017) em seu estudo, utilizou KOH como agente ativante. Para estudar o desempenho do carvão ativado, a concentração de KOH utilizada foi de 40%, 50% e 60% com razão sólido-líquido de 1:4, 1:5 e 1:6, a temperatura de ativação foi de 700, 750 e 800°C e o tempo de ativação selecionado foi de 1,5hr, 2hr e 2,5hr. Ele concluiu com as melhores condições de preparação de carvão ativado. As melhores condições de preparação são a proporção sólido-líquido de 1: 4, a concentração foi de 50% KOH, a temperatura de ativação foi de 750 °C e o tempo de ativação foi de duas horas. A combinação de 60% de concentração de KOH, razão-1:5, tempo de ativação-700°C e tempo-2hr dá o melhor desempenho de carvão ativado [77].

Fig. 16. Grãos de destilação

2.9 Bambu

Liu et al. (2010) sintetizaram carvão ativado a partir de bambu utilizando ácido fosfórico para ativação assistida por micro-ondas. A razão de impregnação de ácido fosfórico e carvão ativado selecionada foi de 1:1. A 350 watts de potência de micro-ondas, tempo de radiação de 20 min e temperatura de ativação de 600 °C, a área de superfície máxima é obtida de cerca de 1432 m^2 / g com rendimento máximo de 48%. O pesquisador comparou os resultados com o processo térmico convencional e concluiu que, maior taxa de ativação e maior rendimento foram obtidos a partir do método de ativação induzida por micro-ondas. Para a preparação de carvão ativado a partir do processo térmico convencional, a razão de impregnação foi de 1: 1 e a temperatura de ativação foi de 600 °C com taxa de aquecimento de 10 °C / min. Foi observado a partir dos resultados que, os poros desenvolvidos a partir de ativações de micro-ondas foram melhores do que o método convencional [78]. O autor Mahanim et al. (2011) utilizou resíduos industriais de bambu como precursor. Realizou estudos de adsorção e concluiu que o bambu tem boa porosidade e boas características de superfície. Na sua investigação, comparou a análise proximal com o bambu, o carvão de bambu e o carvão ativado de bambu. Obteve-se 76,86% de carbono fixo com o bambu ativado, o que é mais do que o obtido apenas com o bambu. Os estudos de adsorção realizados na temperatura de ativação de 600 °C, 700 °C, 750 °C e 800 °C com tempo de ativação de 30, 60, 90, 120 e 150 min. A área de superfície máxima (719 m^2 / g) foi alcançada na condição ideal de temperatura de ativação e tempo de 800 °C e 180 min, respetivamente [79].

Fig. 17. Bambu

2.10 Casca de grão-de-bico

Ozsin et al. (2019) estudaram a produção de carvão ativado a partir de casca de grão-de-bico. O pesquisador embebeu o carvão ativado em KOH com uma taxa de impregnação de 50% em peso. A maior porosidade foi alcançada com área de superfície BET de 2082 m^2 /g com volume de poros de 1,07cm^3 /g. Concluiu que o KOH proporciona uma melhor área de superfície do que o carbonato de potássio com uma razão de impregnação de 0,5 e uma temperatura de ativação de 850°C [80].

Fig. 18. Casca de grão-de-bico

2.11 Balsamodendron caudatum

Sivakumar et al. (2012) [81] utilizou resíduos de madeira de balsamodendron caudatum para a preparação de carvão ativado. Preparou cinco carvões activados a partir de resíduos agrícolas e de resíduos de madeira por métodos diferentes. O primeiro e o segundo tipos de carvão ativado foram preparados utilizando agentes activadores como o ácido fosfórico e o ácido sulfúrico. O terceiro foi preparado utilizando carbonato de sódio com uma temperatura de ativação de 800° C. O quarto foi preparado com carbonato de cálcio. O quinto foi preparado com sulfato de sódio. Todos estes carvões activados foram comparados em termos de pH, índice de iodo, teor de humidade, teor de cinzas, percentagem de rendimento, etc. Observou-se que o primeiro carvão ativado apresenta uma área superficial mais elevada de 505 m^2 /g, seguido do segundo (458 m^2 /g), do quinto (339,64 m^2 /g), do terceiro (300,71 m^2 /g) e do quarto (240,42 m^2 /g). Concluiu com o resultado que o quarto carvão ativado dá o maior rendimento de 62% em comparação com o primeiro (52%), segundo (43%), terceiro (41%) e quinto (34%). A percentagem de porosidade obtida foi máxima (49,19%) para o primeiro carvão ativado e mínima para o terceiro carvão ativado (26,18%).

Fig. 19. **Balsamodendron caudatum**

2.12 Resíduos de mangais

Os estudos foram realizados por Paryanto et al. (2018) [82]. O método utilizado foi a ativação química, utilizando KOH como agente ativador. Ele determinou a molaridade do KOH para obter a maior área de superfície. Em seu estudo, a carbonização é feita a 300-335 ° C. Envolve a imersão do carbono produzido em hidróxido de potássio durante 24 horas antes da ativação a 400°C. Neste estudo, em diferentes concentrações de KOH, o teor de humidade e de cinzas foi determinado e comparado. A concentração selecionada foi de 0,5M a 2,5M e a temperatura para análise selecionada foi de 400 °C. Verificou-se que na concentração de 2,5M, a umidade foi de 8,5% e a cinza foi de 7,1%. A maior área de superfície obtida com 2,5M KOH foi de 1920,6 m^2 /g. Na ausência de KOH, a área de superfície obtida foi de 1200,7 m^2 /g.

Fig. 20. **Resíduos de mangais**

A utilização de matérias-primas residuais para a preparação de carvão ativado é uma solução muito interessante e económica em relação ao carvão ativado comercial mais caro.

3. PROPRIEDADES DO CARVÃO ACTIVADO

As propriedades físicas e químicas são importantes para a caraterização de um carvão ativado. Algumas das propriedades são apresentadas de seguida:

3.1. Estrutura dos poros

O carvão ativado pode ser definido como uma forma bruta de grafite com uma estrutura aleatória ou amorfa, que é altamente porosa numa vasta gama de tamanhos de poros, desde fissuras e fendas visíveis até fissuras e fendas de dimensões moleculares. A purificação por carvão ativado baseia-se principalmente num fenómeno denominado adsorção, em que as moléculas de um líquido ou de um gás são retidas por uma superfície externa ou interna de um sólido. O fenómeno é semelhante à retenção de limalhas de ferro por um íman. O carvão ativado tem uma área de superfície interna muito elevada (até 1500 m²/g), pelo que é um material ideal para a adsorção. O carvão ativado pode ser fabricado a partir de uma grande variedade de matérias-primas que contêm uma elevada percentagem de carbono. O processo de produção para converter a matéria-prima no adsorvente acabado pode ser dividido em processos químicos e térmicos, sendo que ambos requerem a utilização de temperaturas elevadas. A estrutura dos poros do carvão ativado varia e resulta, em grande medida, do material de origem e do método de produção. A estrutura dos poros, em combinação com forças de atração, é o que permite a adsorção. O volume dos poros nos carvões activados é geralmente definido como sendo superior a 0,2 ml/g, e a área de superfície interna é geralmente superior a 400 m2/g, conforme medido pelo método BET do azoto. Segundo a IUPAC (União Internacional de Química Pura e Aplicada), distinguem-se três grupos de poros, de acordo com a dimensão dos poros: Macroporos: (> 50 nm de diâmetro) Mesoporos: (2-50 nm de diâmetro) Microporos: (< 2 nm de diâmetro) Os microporos contribuem geralmente para a maior parte da superfície interna. Os macro e mesoporos podem geralmente ser considerados como as vias de acesso à partícula de carbono e são cruciais para a cinética.

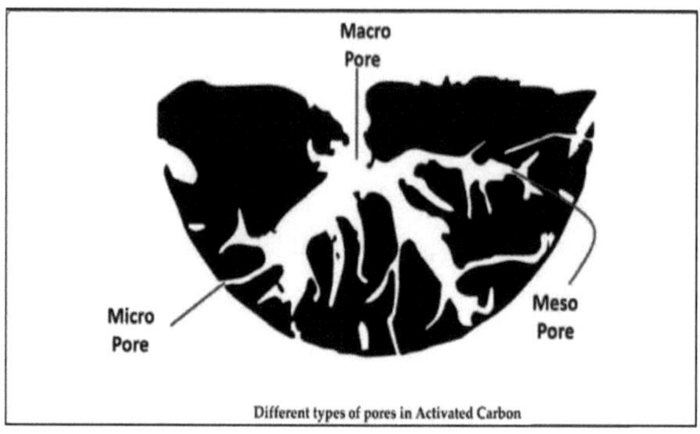

Fig. 21. Estrutura de poros do carvão ativado

3.2. Dureza/Abrasão

O número de dureza (DSTM 20) mede a integridade externa contra o desgaste do exterior e a quebra de pequenos pontos de carvão ativado. É expresso como uma percentagem de perda num determinado peneiro após agitação dos grânulos em determinadas condições.

O número de abrasão (AWWA B604) mede a resistência estrutural do carvão ativado granular. É uma medida da capacidade da partícula para resistir às forças de cisalhamento causadas pela fricção das partículas entre si ou das partículas contra outra superfície, como a parede de uma coluna ou uma tela de suporte. É medida por agitação dos grânulos com esferas de aço num recipiente sob determinadas condições e expressa como uma redução percentual do diâmetro médio das partículas (mpd).

A dureza/abrasão é também um fator-chave na seleção. Muitas aplicações exigem que o carvão ativado tenha uma elevada resistência das partículas e uma resistência ao atrito (a decomposição do material em finos). O carvão ativado produzido a partir de cascas de coco tem a dureza mais elevada dos carvões activados.

3.3. Propriedades de adsorção

O processo através do qual uma superfície sólida concentra moléculas de fluido por forças físicas é conhecido como adsorção (enquanto que a absorção é um processo através do qual as moléculas de fluido são absorvidas por um líquido e distribuídas por esse líquido).

A força elementar que provoca a adsorção física no carvão ativado é a força de dispersão de London, uma forma de força de Van der Waals, resultante da atração intermolecular. No caso da adsorção, o carbono e o adsorvato ficam assim quimicamente inalterados. No entanto, no processo conhecido como quimisorção, as moléculas reagem quimicamente com a superfície do carbono (ou com um impregnante na superfície do carbono) e são mantidas por ligações químicas que são forças muito mais fortes do que as forças de dispersão de London.

A força de dispersão de London é uma interação intermolecular que existe entre todas as moléculas (tanto polares como não polares), mas é extremamente curta. É responsável pela condensação da maioria dos gases em líquidos, e a razão pela qual os gases de maior peso molecular têm pontos de ebulição mais elevados. As forças de London são:

Aditiva: A força de London observada é a soma de todas as interacções individuais da molécula de adsorvato e das placas de grafite vizinhas que compõem a estrutura de carbono. A magnitude da força de adsorção estará relacionada com o número de placas de carbono, ou densidade de carbono, na vizinhança das moléculas de adsorvato. Não específica: Existem forças de London entre todas as moléculas. Por conseguinte, todas as moléculas se adsorvem no carvão ativado em certa medida, dependendo da sua pressão de vapor e solubilidade à temperatura do carbono.

Independente da temperatura: As forças de London não são afectadas pela temperatura, pelo que o campo de forças de adsorção será constante com a temperatura. (As capacidades de adsorção do carbono continuarão, no entanto, a ser sensíveis às alterações da pressão de vapor ou da solubilidade das moléculas adsorventes com a temperatura).

Curto alcance: A magnitude da força de London é muito sensível à separação entre a molécula de adsorvato e a placa de grafite. A força de London pode ser considerada negligenciável com uma separação superior a cerca de duas camadas moleculares. Por conseguinte, as forças de adsorção só serão significativas se as lacunas ou vazios dentro da estrutura do carbono (largura dos poros) forem inferiores a quatro ou cinco camadas moleculares. As três primeiras características das forças de London são partilhadas por outra força familiar: a gravidade. As forças de London, e consequentemente as forças de adsorção do carbono, são análogas às forças gravitacionais. No entanto, as forças de London são muito mais curtas e operam a uma escala molecular em vez de uma escala astronómica. As propriedades de absorção do carvão ativado englobam várias características, incluindo a capacidade de adsorção, a taxa de adsorção e a eficácia global do carvão ativado. Dependendo da aplicação (líquido ou gás), estas propriedades podem ser indicadas por uma série de factores, incluindo o número de iodo, a área de superfície e a CTC.

a. Atividade do tetracloreto de carbono (CTC)

A atividade de tetracloreto de carbono (ASTM D3467) mede a carga de tetracloreto de carbono, percentagem em peso no carbono, em concentrações próximas da saturação no ar. O método é basicamente uma medida do volume de poros do carvão ativado e é utilizado principalmente como um teste de garantia de qualidade para a produção de carvão ativado. A atividade do tetracloreto de carbono foi substituída pelo ensaio da atividade do butano (ASTM D5742) devido à proibição do tetracloreto de carbono. Atividade do

CCl4 = 2,55 × Atividade do butano.

b. Densidade aparente

A densidade aparente, por vezes designada por densidade aparente do carvão ativado, ou densidade volumétrica, é definida como a massa de muitas partículas do carvão ativado dividida pelo volume total que ocupam. O volume total inclui o volume das partículas, o volume dos vazios entre as partículas e o volume dos poros internos. Embora a densidade aparente não afecte a adsorção por unidade de peso, afecta a adsorção por unidade de volume.

c. Humidade

O teor de humidade do carvão ativado (ASTM D2867) é medido como perda de peso após aquecimento a 150°C e deixado secar até um peso constante (normalmente após 3 horas). O teor de humidade do carvão ativado embalado aumenta normalmente durante o transporte e o armazenamento. Idealmente, a quantidade de humidade física contida no carvão ativado deve situar-se entre 3-6%.

d. Conteúdo de cinzas

A cinza total é uma medida do teor de óxidos minerais do carvão ativado numa base de peso. É medida através da conversão dos constituintes minerais nos respectivos óxidos a 800°C. As cinzas são constituídas principalmente por sílica e alumínio e a sua quantidade depende da matéria-prima de base utilizada para produzir o produto. Os valores típicos são 2-3%W/W para o carvão ativado à base de casca de coco, 5%W/W para o carvão ativado à base de madeira e 8-15W/W% para os carvões activados à base de carvão. As análises de cinzas totais são também um bom indicador da qualidade do carvão usado em aplicações de saneamento de águas subterrâneas ou de água potável. Um elevado teor de cinzas pode ser uma indicação da deposição de cálcio, alumínio, manganês ou ferro no carvão ativado ou da presença de areia. O teor de cinzas do carvão ativado é uma medida da parte inerte, amorfa, inorgânica e inutilizável do material. O ideal é que o teor de cinzas seja o mais baixo possível. A qualidade do carvão ativado aumenta com a diminuição do teor de cinzas.

e. Valor do pH

O valor do pH do carvão ativado é uma medida do seu carácter ácido ou básico. O carvão ativado à base de casca de coco é normalmente especificado para um pH de 9 - 11.

O método escolhido para a ativação e o reagente utilizado também afectam o pH do carvão ativado. O pH tem um efeito muito significativo nos processos de adsorção na fase líquida. De facto, o pH tem influência na química da superfície e na carga da superfície. Por exemplo, a um pH baixo, a superfície está carregada positivamente, pelo que os desempenhos de adsorção de catiões serão baixos devido à correspondente repulsão eletrostática. O valor do pH é frequentemente medido para prever a mudança de potencial quando o carvão ativado é adicionado ao líquido.

f. Tamanho das partículas

A dimensão das partículas tem um efeito direto na cinética de adsorção, nas características de fluxo e na filtrabilidade do carvão ativado. Quanto mais fina for a dimensão das partículas de um carvão ativado, melhor será o acesso à área de superfície e mais rápida será a taxa de cinética de adsorção. Nos sistemas de fase de vapor, isto tem de ser considerado em relação à queda de pressão, que afectará o custo da energia. Uma análise cuidadosa da distribuição da dimensão das partículas pode proporcionar benefícios operacionais significativos. No entanto, no caso da utilização de carvão ativado para adsorção de minerais como o ouro, o tamanho das partículas deve situar-se na gama de 3,35-1,4 milímetros (0,132-0,055 in). O carvão ativado com partículas de dimensão inferior a 1 mm não é adequado para a eluição (a remoção do mineral de um carvão ativado). A gama de dimensões do carvão ativado granular (CAG) é geralmente expressa como as dimensões dos crivos, expressas em mm ou US Mesh, entre as quais fica retida a maior parte do CAG. É medida agitando uma amostra de carvão ativado granular através de uma série definida de crivos. Em unidades métricas, é a largura entre os fios dos crivos, expressa em mm. No sistema US Mesh, o número da dimensão do crivo refere-se às aberturas entre os fios do crivo por polegada. Por exemplo, um carvão ativado US Mesh 8×30 significa que pelo menos 93% do peso dos grânulos é superior a 30 Mesh (0,60 mm) e que pelo menos 90% do peso dos grânulos é inferior a 8 Mesh (2,36 mm). 12×40 US Mesh (0,42 a 1,70 mm), 6×16 US Mesh (1,18 a 3,35 mm).

g. Número de iodo

O índice de iodo (ou "valor de iodo") (ASTM D4607) é uma indicação da área de superfície disponível em m2/grama de carvão virgem. Embora o índice de iodo se tenha tornado sinónimo da "atividade" do carvão ativado e seja amplamente utilizado como parâmetro de controlo de qualidade (CQ) na produção e reativação de carvão ativado, não fornece necessariamente uma medida da capacidade do carvão para adsorver outras espécies. O índice de iodo é definido como os miligramas de iodo adsorvidos por um grama de material quando a concentração residual de iodo do filtrado é de 0,02N (0,01 mol/l), de acordo com a norma ASTM D4607, que se baseia numa isotérmica de três pontos. A estrutura porosa de qualquer carvão ativado pode ser testada pela sua capacidade de adsorção de iodo. O índice de iodo é um dos parâmetros de caraterização que verifica o desempenho e o nível de atividade do CA. Determina a área de superfície interna do CA com tamanho de poro superior a 1 nm. Um índice de iodo mais elevado indica um maior grau de ativação. É a quantidade de iodo (I2) adsorvida na superfície de um grama de CA a uma concentração de equilíbrio de 0,02 N. Dá uma ideia sobre a microporosidade do carvão ativado na gama de 0 a 20 Å. Assim, todos os CAs e carvões preparados foram testados para a determinação do índice de iodo de acordo com as normas ASTM D 4607-94 (2006) [83]. O índice de iodo foi calculado utilizando a seguinte equação.

$$\text{Iodine Number} = \frac{x}{m} \times D$$

$$\frac{X}{m} = \frac{A - (2.2B \times volume\ of\ Na_2S_2O_3 solution\ used)}{Wt.\ of\ sample\ (gm)}$$

$$C = \frac{N_2 \times volume\ of\ Na_2S_2O_3 solution\ used}{50}$$

Onde,

X/m = Iodo adsorvido por grama de carbono (mg)

A = N1 x 12693

B = N2 x 126,93

C = normalidade do filtrado residual

D = Fator de correção

N1 = Normalidade da solução de iodo

N2 = Normalidade da solução de Na2S2O3

h. Poro, Porosidade, Volume do poro, Diâmetro do poro

Um poro é uma pequena abertura na superfície do carvão ativado que conduz ao interior de forma tortuosa, tal como ilustrado na Figura 21. Significa também o pequeno orifício ou abertura que permite a passagem de líquido. A porosidade ou fração de vazios é uma medida dos espaços vazios no carvão ativado. É uma fração do volume de espaços vazios em relação ao volume total, entre 0 e 1, ou em percentagem entre 0% e 100%. Os carvões activados são materiais porosos de grande importância para diversos processos, sendo o CA caracterizado por diversos parâmetros físicos como a área superficial e o volume de poros. No desenvolvimento destes materiais é muito importante satisfazer tais propriedades físicas, pois estas irão influenciar diretamente o desempenho do material na sua aplicação. Para a determinação do volume de poros, o procedimento mais utilizado recorre também a dados de isotérmicas de adsorção de azoto. A quantidade de azoto adsorvido à pressão relativa mais elevada e o volume dos microporos são calculados a partir das isotérmicas de adsorção de azoto utilizando a equação de Dubinin-Radushkevich. A unidade é ml/g de CA. Devido aos diferentes métodos de preparação, as dimensões dos poros do carvão ativado podem ser classificadas como sendo microporos (largura < 2 nm), mesoporos (largura = 2-50 nm) ou macroporos (largura > 50 nm); as diferenças na dimensão das suas aberturas de largura são uma representação da distância dos poros.

i. Área de superfície

As áreas de superfície dos carvões activados são geralmente medidas utilizando o método Brunauer-Emmett-Teller (BET), que utiliza a adsorção de azoto a diferentes pressões à temperatura do azoto líquido. A unidade de área de CA é m^2 /g.

Fig. 22. Analisador BET

4. PREPARAÇÃO DE CARVÃO ACTIVADO

4.1 Métodos de ativação

O processo de ativação cria ou aumenta a porosidade na superfície do carvão ativado. Os dois principais métodos de produção de carvão ativado podem ser a ativação física (vapor/dióxido de carbono) ou a ativação química, sendo que ambas requerem a utilização de temperaturas elevadas.

4.1.1 Ativação física

É conseguida através da degradação ou desidratação da estrutura da matéria-prima, normalmente celulósica. A ativação por vapor, no entanto, envolve inicialmente a remoção de voláteis, seguida da oxidação dos átomos de carbono da estrutura. Trata-se de um processo convencional de fabrico de carvão ativado. O processo global consiste geralmente em duas etapas: pirólise térmica a uma temperatura relativamente baixa (tipicamente 400-600° C) na presença de azoto ou hélio para quebrar a ligação cruzada entre os átomos de carbono, e ativação com gás de ativação a 800-1000° C para maior desenvolvimento da porosidade [84-85]. As características do carbono são grandemente influenciadas pelo grau de ativação, mas também pela natureza do agente ativador (vapor ou dióxido de carbono) e pela temperatura do processo. Com o objetivo de elevar o grau de queima, a temperatura de ativação é normalmente superior a 900° C para manter uma taxa de reação suficientemente elevada. Uma vez que a reação global (conversão de carbono em dióxido de carbono) é exotérmica, é possível utilizar esta energia e ter um processo auto-sustentado, como mostram as equações abaixo:

$$C + H_2O \text{ (vapor)} \longrightarrow CO + H_2 \text{ (-31 Kcal)} \quad CO + \tfrac{1}{2} O_2 \longrightarrow CO_2 \text{ (+67 Kcal)}$$

$$H_2 + \tfrac{1}{2} O_2 \longrightarrow H_2O \text{ (vapor) (+58 Kcal)} \quad C + O_2 \longrightarrow CO_2 \text{ (+94 Kcal)}$$

A reação que produz H_2 atrasa a ativação, uma vez que o H_2 fica fortemente adsorvido nos sítios activos da superfície do carbono. Foi demonstrado que o vapor é um melhor agente de ativação em comparação com a área de superfície do CO. Este facto deve-se ao pequeno raio de Van der Waal das moléculas de água.

A ativação física pode ser ilustrada com o diagrama de processo abaixo (Fig. 23):

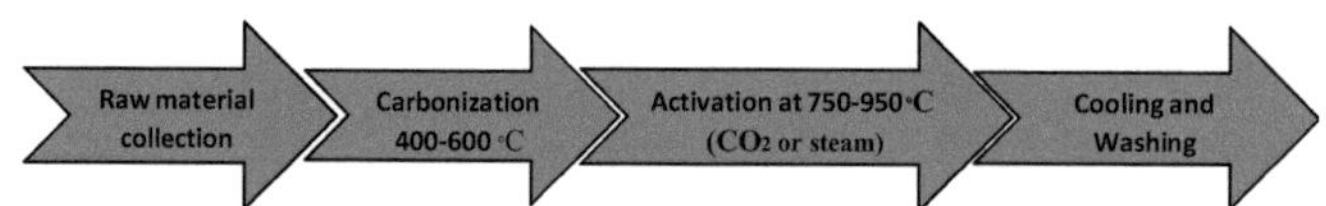

Fig. 23. Etapas da ativação física

4.1.2 Ativação química

É tipicamente empregue quando os produtos de madeira são utilizados como matérias-primas. Permite integrar a pirólise e a ativação num único processo, a uma temperatura relativamente mais baixa e na ausência de oxigénio. Agentes químicos como o ácido fosfórico, o cloreto de zinco e o hidróxido de potássio são agentes desidratantes e estabilizadores que melhoram o desenvolvimento da estrutura porosa do carvão ativado [86-91]. O processo pode ser resumido no fluxograma abaixo (Fig.24):

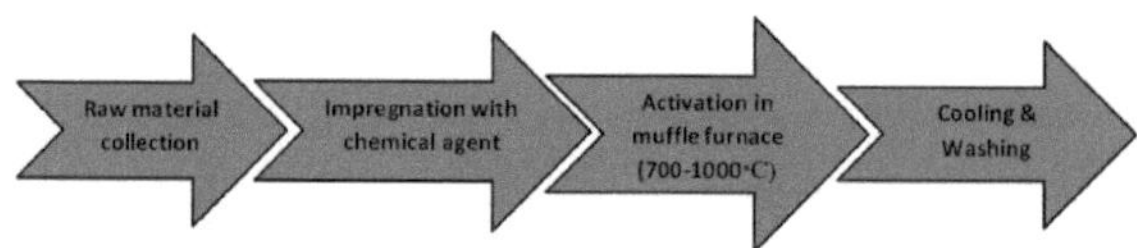

Fig. 24. Etapas da ativação química

A ativação química é normalmente evitada em aplicações industriais devido a preocupações ambientais e aos custos envolvidos no tratamento de materiais com produtos químicos.

A ativação química oferece várias vantagens, uma vez que é realizada numa única etapa de carbonização e o processo de ativação, realizado a temperaturas mais baixas, produz um rendimento muito superior ao da ativação física, resultando assim no desenvolvimento de uma melhor estrutura porosa.

No entanto, existem também algumas desvantagens, como a corrosividade do processo e a fase de lavagem.

A ativação química é melhor do que a ativação física, uma vez que consome menos energia, tem menor duração e uma área de superfície e porosidade modestas.

5. EQUIPAMENTO NECESSÁRIO

A preparação do carvão ativado requer o seguinte equipamento:

a. Manto de aquecimento: Durante a ativação química, é necessária uma manta de aquecimento para misturar o conteúdo.

b. Forno elétrico: Para a ativação, é necessário um forno de mufla com saída para a remoção de produtos gasosos.

Fig. 25. Manta de aquecimento

Fig. 26. Forno de mufla

6. CONCLUSÃO

O carvão ativado é um produto versátil utilizado para várias aplicações. A matéria-prima utilizada e as condições de preparação determinam a qualidade do carvão ativado. Para verificar a qualidade, são utilizados métodos de caraterização como o índice de iodo, o índice de azul de metileno, a análise proximal-última, a análise TGA-DTG, o FTIR, o XRD, o SEM e a área de superfície BET. A ativação química é melhor do que a ativação física, uma vez que consome menos energia e proporciona uma boa porosidade ao produto final.

7. DESAFIOS FUTUROS

Este livro é um breve relato sobre as possibilidades futuras de utilização efectiva de resíduos agrícolas. Com base em estudos experimentais anteriores, pode concluir-se que, se as matérias-primas agrícolas forem tratadas corretamente, podem ser convertidas em potenciais adsorventes para várias aplicações futuras. Existe a possibilidade de obter CA com maior capacidade de adsorção alterando as condições do processo. Alterando as condições de carbonização e ativação, é possível sintetizar CA com maior área de superfície e estrutura porosa. O carbono preparado permite investigar a remoção por adsorção de contaminantes metálicos como Hg, Cd, As, etc., presentes em efluentes industriais [92], uma vez que estes afectam a vida aquática e entram na cadeia alimentar, causando vários efeitos indesejáveis para a saúde humana e animal [93]. Além disso, os estudos podem ser alargados através da pré-carbonização dos resíduos agrícolas antes de se proceder à sua ativação. Alguns estudos referem que a pré-carbonização é uma fase importante para obter áreas de superfície elevadas, uma vez que cria novas ligações cruzadas na estrutura das matérias-primas, produzindo assim um material com baixa volatilidade. O tópico pode ser alargado para investigar a possibilidade de utilizar carvões duros para sintetizar eléctrodos de supercapacitores electroquímicos. Ghosh S et al. [94] sugeriram esta aplicação com uma capacitância específica de 479,23 F/g. As fibras de carbono ativado (FAC) são um termo que representa um novo adsorvente fibroso de carbono que confere um diâmetro de fibra mais pequeno, uma área de superfície específica maior, uma cinética de adsorção mais rápida e uma maior capacidade de adsorção [95]. Assim, o trabalho com carvão ativado pode ser alargado para a síntese de ACFs.

REFERÊNCIAS

1. Organização das Nações Unidas para a Alimentação e a Agricultura (FAO). Trabalho estratégico da FAO para uma alimentação e agricultura sustentáveis. 2017. Disponível em: http://www.fao.org/3/a- i6488e.pdf [Acedido em: 10 de outubro de 2022].

2. FAO e OCDE. Sistemas Agro-Alimentares Sustentáveis, Produtivos e Resilientes: Cadeias de valor, capital humano e a Agenda 2030. Roma, 2019. Disponível em: https://www.fao.org/publications/card/en/c/CA5385EN/ [Acedido em: 10 de outubro de 2022].

3. Organização das Nações Unidas para a Alimentação e a Agricultura (FAO). O Estado da Alimentação e da Agricultura: Alavancar os Sistemas Alimentares para uma Transformação Rural Inclusiva. 2017. Disponível em: http://www.fao.org/3/a-i7658e.pdf [Acedido em: 10 de outubro de 2022].

4. Organização das Nações Unidas para a Alimentação e a Agricultura (FAO). O Estado da Alimentação e da Agricultura. Alterações climáticas, agricultura e segurança alimentar, 2016. Disponível em: de http://www.fao.org/3/a-i6030e.pdf [Acedido em: 10 de outubro de 2022].

5. Hon David N S, Shiraishi Nobuo M D. Wood and cellulosic chemistry, segunda edição, por, Inc, QD323, W66, 2000.

6. Obi FO, Ugwuishiwu BO, Nwakaire JN. Conceito, geração, utilização e gestão de resíduos agrícolas, Nigerian Journal of Technology (NIJOTECH) 2016;35(4): 957-964.

7. Hai H T, Tuyet N T A. Benefits of the 3R approach for agricultural waste management (AWM) in Vietnam. No âmbito do projeto conjunto Asia Resource Circulation Policy Research Working Paper Series. Instituto de Estratégias Ambientais Globais apoiado pelo Ministério do Ambiente, Japão, 2010.

8. Thao L T H. Nitrogénio e fósforo no ambiente. Journal of Survey Research 2003;15(3):56-62.

9. Yang C, Season S C, Shicheng Z, Yong S O, Babasaheb M M, Kevin C W W, Daniel C W T.Advances in lignin valorization towards bio-based chemicals and fuels: lignin biorefinery, ISSN: 0960-8524, Bioresour. Technol. 2019. doi.org/10.1016/j.biortech.2019.121878

10. Bhuvaneshwari S, Hettiarachchi H, Meegoda JN. Crop Residue Burning in India: Policy Challenges and Potential Solutions, Int. J. Environ. Res. Public Health. 2019;16(5):832. https://10.3390/ijerph16050832.

11. Política Nacional de Gestão de Resíduos de Culturas. Disponível online: http://agricoop.nic.in/sites/default/files/NPMCR_1.pdf (acedido em 17 de julho de 2022).

12. Ministério da Agricultura e dos Agricultores Welfare report 2020, https://agricoop.nic.in/sites/default/files/Guideline%20of%20CRM%20scheme%20- 2020%20.pdf, (acedido em 17 de julho de 2022).

13. Comissão Europeia, (2015), **Workshop EIP-AGRI "Opportunities for Agriculture and Forestry in the Circular Economy"** Relatório do Workshop 28-29 de outubro de 2015. Bruxelas, **Bélgica.** https://ec.europa.eu/eip/agriculture/sites/agri-eip/files/eip-agri_ws_circular_economy_final_report_2015_en.pdf.

14. McCormick K, Kautto N. **The bioeconomy in europe: an overview** Sustainability 2013;5:2589-2608. https://doi.org/10.3390/su5062589.

15. Comissão Europeia, (2017). **Revisão da Estratégia Europeia para a Bioeconomia de 2012** Gabinete da União Europeia, Bruxelas, Bélgica. 10.2777/086770

16. União Europeia, (2013). Uma Estratégia de Bioeconomia para a Europa, https://file:///C:/Users/monic/Downloads/gp_eudor_WEB_KI0213205ENC_002.pdf.en.p df

17. Scarlat N, Dallemand J F, Monforti-Ferrario F, Nita V. **O papel da biomassa e da bioenergia numa bioeconomia futura: políticas e factos** Environ. Dev 2015;15:3-34, https://doi.org/ 10.1016/j.envdev.2015.03.006

18. Mohanty A K, Misra M, Drzal L T. **Sustainable Bio-Composites from renewable resources: opportunities and challenges in the green materials world** J. Polym. Environ. 2002;10:19-26. https://doi.org/10.1023/A:1021013921916

19. Organização das Nações Unidas para a Alimentação e a Agricultura (FAO) (2016). **O Estado da Alimentação e da Agricultura. Alterações climáticas, agricultura e segurança alimentar,** http://www.fao.org/3/a-i6030e.pdf.

20. Calvo-Flores F G, Dobado J A. **Lignin as renewable raw material,** ChemSusChem, 2010;3 (11):1227-1235.

21. Jiang G, Nowakowski D J, Bridgwater A V. A systematic study of the kinetics of lignin pyrolysis Thermochimica Ata 2010;498 (1):61-66.

22. Menon V, Rao M. **Trends in bioconversion of lignocellulose: biofuels, platform chemicals & biorefinery concept,** Progress in Energy and Combustion Science 2012;38 (4):522-550.

23. Iqbal H M N, Ahmed I, Zia M A, Irfan M. **Purificação e caraterização dos parâmetros cinéticos da celulase produzida a partir de palha de trigo por** Trichoderma viride **sob SSF e a sua compatibilidade com detergentes,** Advances in Bioscience and Biotechnology 2011;2 (3):149-156

24. Kumar P, Barrett D M, Delwiche M J, Stroeve P. **Methods for pretreatment of lignocellulosic biomass for efficient hydrolysis and biofuel production,** Industrial & Engineering Chemistry Research 2009;48:3713-3729.

25. Malherbe S, Cloete T E. Lignocellulose biodegradation: fundamentals and applications Reviews in Environmental Science and Biotechnology 2002;1:105-114.

26. Akash B. Thermochemical Depolymerization of Biomass, Procedia Computer Science. 2015;52:827-834.

27. Harry M, Rodríguez R F, Activated Carbon, capítulo 9, produção e material de referência, www.sciencedirect.com, 2006:454-508.

28. Paraskeva P, Kalderis D, Evan D. Review Production of activated carbon from agricultural by-products (Produção de carvão ativado a partir de subprodutos agrícolas), J Chem Technol Biotechnol. 2008;83:581-592.

29. Tao L, Sudhakar T. As fontes actuais e emergentes de lenhinas técnicas e as suas aplicações, Biofuels Bioproducts and Biorefining. 2018:1-32. https://doi.org/ 10.1002/bbb.1913.

30. Christopher B. Biopolymers: Biodegradable Alternatives to Traditional Plastics, Green Chemistry. 2018:753-770. https://doi.org/10.1016/B978-0-12-809270-5.00027-3.

31. Kogel-Knabner I, Amelung W. Organic Geochemistry, Treatise on Geochemistry (Second Edition), 2014;12:157-215. https://doi.org/10.1016/B978-0-08-095975-7.01012-3.

32. Manichandrika K V S, Prathyusha V. Estudo mecânico quântico sobre a fisissorção de iões metálicos dissolvidos na água do mar utilizando celulose, quitosana e quitina, International Journal of Biological Macromolecules. 2021;183:2109-2120. https://doi.org/10.1016/j.ijbiomac.2021.06.018.

33. Surinder S, Kailas L W, Sushil K K. Low-cost adsorbents for removal of inorganic impurities from wastewater. Inorganic Pollutants in Water. 2020:173-203. https://doi.org/10.1016/B978-0-12-818965-8.00010-X.

34. Jiame B, Juanita F. Universidad de Concepcidn, Concepcidn, Chile, Chemical Characterization of Wood and Its Components. Wood and cellulosic chemistry, segunda edição, Capítulo 8, 2000:275-369.

35. Akira S, Yoshihiro S. Universidade de Hokkaido, Sapporo, Japão. Chemistry of lignin. Wood and cellulosic chemistry, segunda edição, capítulo 4, 2000:109-170.

36. Norhusna M N, Lau L C, Lee K T, Abdul R M. Synthesis of activated carbon from lignocellulosic biomass and its applications in air pollution control-

a review. Jornal de Engenharia Química Ambiental 2013;1:658–666.
https://doi.org/10.1016/j.jece.2013.09.017.

37. M. D. Azam, B. H. Hameed e A. L. Ahmad, adsorção descontínua de fenol em casca de coco activada por processos físico-químicos, J. hazard. Mater, **161**, 1522-1529 (2009).

38. Ahmadpour A, Do DD, (1997). The preparation of activated carbon from macadamia nutshell by chemical activation, Carbon 1997;35(12):1723-32. https://doi.org/10.1016/S0008-6223(97)00127-9.

39. Gonzalez-Serrano E, Cordero T, Rodriguez-Mirasol J, Rodriguez J J. Development of Porosity upon Chemical Activation of Kraft Lignin with ZnCl2, Ind Eng Chem Res. 1997;36(11):4832-4838. https://doi.org/10.1021/ie970261q.

40. Bandosz T J. Activated Carbon Surfaces in Environmental Remediation, (Interface Science and Technology, Holanda) 2006;7.

41. Simitzis J, Sfyrakis J, Faliagas A. Adsorption properties and microporous structure of adsorbents produced from phenolic resin and biomass, J Appl Polym Sci, 1995;58(3):541-550. https://doi.org/10.1002/app.1995.070580308.

42. Sai W T, Chang C Y, Wang S Y, Chang C F, Chien S F, Sun H F. Utilization of agricultural waste corn cob for the preparation of carbon adsorbent, Journal of Environmental Science and Health, Part B. 2002;36(5):677-686. https://doi.org/10.1081/PFC-100106194.

43. An D, Guo Y, Zou B, Zhu Y, Wang Z. Um estudo sobre a preparação consecutiva de pós de sílica e carbono ativo a partir de cinzas de casca de arroz, Biomass Bioenergy,2011;35(3):1227-34. http://dx.doi.org/10.1016/j.biombioe.2010.12.014.

44. Anwar M, Bambang P, Nita A. Processo de isolamento da lenhina da casca de arroz por peróxido de hidrogénio alcalino: Lignina e sílica extraídas, Actas da Conferência AIP. 2017;1823;020013. https://doi.org/10.1063/1.4978086.

45. Yakout S M, Sharaf G D. Caracterização do carvão ativado preparado por ativação com ácido fosfórico de caroços de azeitona. Arabian Journal of

Chemistry. 2011;9:1155-1162. https://doi.org/10.1016/j.arabjc.2011.12.002.

46. Hock P E, Muhammad A A Z. Activated carbon by zinc chloride activation for dye removal - a commentary. Ata Chimica Slovaca, Sciendo. 2018;11(2):99-106. https://doi.org/10.2478/acs-2018-0015.

47. Xiao-Juan J, Zhi-Ming Y, YU W. Preparação de carvão ativado a partir de lenhina obtida por polpação de palha por ativação química de KOH e K2CO3. Cellulose Chem. Technol 2012;46(1-2):79-85.

48. Ravichandran P, Sugumaran P, Seshadri S, Basta A. Otimização da rota de produção de carvão ativado a partir de resíduos de frutos de Casuarina Equisetifolia, Royal Society of Chemistry, 2018.

49. https://market.us/report/activated-carbon-market/, Acedido em 5th Ago 2024.

50. https://www.mordorintelligence.com/industry-reports/activated-carbon-market, Acedido em 5th Ago 2024.

51. Chaichan M T, Abaas K I, Kazem H A. Conceção e avaliação do sistema de destilação de concentradores solares utilizando materiais de mudança de fase (PCM) adequados para climas desérticos, Dessalinização e tratamento de água 2016;57(32):14897-14907. https://doi.org/10.1080/19443994.2015.1069221.

52. Wend C F, Stewart P S, Jones W, Camper A K. Pré-tratamento para sistemas de tratamento de água por membrana: um estudo de laboratório. Water Research 2003;37(14):3367-3378.

53. Xia J, Mahandra H e Ghahreman A. Recuperação eficiente de ouro da solução de cianeto usando carvão ativado magnético. ACS Applied Materials & Interfaces, 2021;13(40):47642-47649. https://doi.org/10.1021/acsami.1c13920.

54. Shendrik T, Levandovskyi L, Kuts A, Prybylskyi V, Grabovska O. Principais direcções de aplicação de carvões activos na produção de bebidas alcoólicas. Ukrainian Journal of Food Science, 2019;7(1). https://doi.org/10.24263/2310-1008-2019-7-1-12.

55. Comissão Europeia Investir no desenvolvimento sustentável. A UE na vanguarda da implementação da Agenda de Ação de Adis Abeba Comissão

Europeia, Bruxelas, Bélgica 2018. Disponível em: 10.2841/874861 [Acedido em: 10 de outubro de 2022].

56. Jacobs J H, Kyle. Wynnyk K G, Lalani R, Sui R, Wu J, Montes V, Hill J M, e Marriott R A. Remoção de compostos de enxofre da emissão industrial usando carvão ativado derivado de coque de petróleo. Industrial & Engineering Chemistry Research, **2019**;58 (40):18896-18900. https://doi.org/10.1021/acs.iecr.9b04443.

57. Bandosz T J. Activated Carbon Surfaces in Environmental Remediation, (Interface Science and Technology, Holanda) 2006;7.

58. Soonmin H, Akram M, Rashid A, Laila U, Zainab R. Usos do carvão ativado na área da medicina: breve revisão. EPRA International Journal of Research and Development, 2022;7(7). htttps://doi.org/10.36713/epra2016.

59. H Aljohani, Y Ahmed, O El-Shafey. Descoloração do suco de açúcar turvo da fábrica de açúcar usando resíduos de carbono em pó. Appl Water Sci, 2018;8(48). https://doi.org/10.1007/s13201-018-0681-2.

60. Yuannan Zheng, Shanshan Li, Bingyou Jiang, Guofeng Yu, Bo Ren e Haotian Zheng, Preparação num só passo de carvão ativado para separação/armazenamento de metano de jazidas de carvão e suas características de adsorção de metano, ACS Omega **2022,** 7 (49), 45107-45119, DOI:10.1021/acsomega.2c05557.

61. Alam S, Khan MS, Bibi W, Zekker I, Burlakovs J, Ghangrekar MM, Bhowmick GD, Kallistova A, Pimenov N, Zahoor M. Preparação de carvão ativado a partir da madeira de Paulownia tomentosa como um adsorvente eficaz para a remoção de Acid Red 4 e Methylene Blue presentes nas águas residuais. Water. 2021; 13(11):1453. https://doi.org/10.3390/w1311145.

62. Hayashi J, Kazehaya A, Muroyama K, Watkinson AP. Preparação de carvão ativado a partir de lenhina por ativação química. Carbon 2000;38:1873-1878.

63. Bedmohata M A, Chaudhari A R, Singh S P, Choudhary M D. Adsorption capacity of activated carbon prepared by chemical activation of lignin for the

removal of methylene blue dye. Int. J. Adv. Res. Chem. Sci. 2015;2:1-13.

64. Chaudhari A R, Mankar S S, Kalambe A B, Husain N A. Adsorção de ácido benzoico por carvão ativado obtido a partir de resíduos industriais de lenhina. Revista Internacional de Avanços em Ciência, Engenharia e Tecnologia, 2015;1:57-60.

65. Nandanwar R A, Chaudhari A R, Ekhe J D, Haldar A C. Degradação termocatalítica da lignina de resíduos industriais para preparar carvão ativado. Actas da Conferência AIP, 2019;2104:020025.

66. Meng L Y, Ma M G, Ji X X. Preparação de materiais de carbono à base de lignina e sua aplicação como sorvente. Materiais, 2019;12:1111.

67. Mohtashami S A, Kolur N A, Kaghazchi T, Kesheh R A, Soleimani M. Otimização da ativação do bagaço de cana-de-açúcar para obter adsorvente com alta afinidade em relação ao fenol. Jornal Turco de Química, 2018;42:1720-1735.

68. Mutegoa E, Onoka I, Hilonga A. Preparação de carvão ativado com as propriedades desejadas através da otimização do agente de impregnação. Revista de Investigação em Engenharia e Ciências Aplicadas, 2014;3(5):327-331.

69. Thuan T V, Thinh P V, Quynh B T P, Cong H T, Tam D T T, Thuan V N, Bach L G. Preparação de carvão ativado a partir de bagaço de cana-de-açúcar por ativação química com cloreto de zinco: estudo de preparação e caraterização. Jornal de Pesquisa de Ciências Químicas 2016;6:42-47.

70. Misran E, Maulina S, Dina S F, Nazar A, Harahap S A. Produção de carvão ativado a partir de bagaço e caule de bananeira em vários tempos de carbonização. Série de conferências IOP: Ciência e Engenharia de Materiais, 2018;309:012064. https://doi.org/10.1088/1757- 899X/309/1/012064.

71. Ghani Z A, Yusoff M S, Zaman N Q, Zamri M F M A, Andas J. Otimização das condições de preparação do carvão ativado do pseudo-tronco da banana usando a metodologia de superfície de resposta na remoção de cor e DQO do lixiviado do aterro sanitário. Gestão de Resíduos, 2017.

http://dx.doi.org/10.1016/j.wasman.2017.02.026.

72. Altintig E, Acar I, Altundag H, Ozyildirim O. Produção de carvão ativado a partir de casca de arroz para suportar iões Zn^{2+} . Boletim Ambiental Fresenius, PSP, 2015;24.

73. Pandiarajan A, Kamaraj R, Vasudevan S, Vasudevan S. OPAC (carvão ativado de casca de laranja) derivado de resíduos de casca de laranja para a adsorção de herbicidas de ácido clorofenoxiacético da água: Isoterma de adsorção, modelação cinética e estudos termodinâmicos, Bioresource Technology, 2018;261:329-339.

74. Gutierrez I R, Tovar A K, Godínez L A. Materiais sorventes sustentáveis obtidos da casca de laranja como alternativa para o tratamento de água, Intechopen, Capítulo 11, Intechopen, 2018:201-218.

75. Das D, Samal D P, Meicap B C. Preparação de carvão ativado a partir de casca de coco verde e sua caraterização, J Chem Eng Pracess Technol, 2015;6:1-7.

76. Gratuito M K B, Panyathanmaporn T, Chumnanklang R A, Sirinuntawittaya N, Dutta A. Produção de carvão ativado a partir de casca de coco: Otimização utilizando a metodologia de superfície de resposta. Bioresource Technology, 2008;99:4887-4895.

77. Yang H & Zhang D & Chen Y & Ran M & Gu J. Estudo sobre a aplicação de KOH para produzir carvão ativado para realizar a utilização de grãos de destilaria. Série de Conferências do IOP: Earth and Environmental Science. 2017;69. 012051. 10.1088/1755- 1315/69/1/012051.

78. Liu Q S, Zheng T, Wang P, Guo L. Preparação e caraterização de carvão ativado de bambu por ativação de ácido fosfórico induzida por micro-ondas. Industrial Crops and Products 2010;31:233-238.

79. Mahanim S M A, Asma I W, Rafidah J, Puad E, Shaharuddin H. Produção de carvão ativado a partir de resíduos industriais de bambu. Jornal de Ciência das Florestas Tropicais, 2011;23(4):417-424.

80. Ozsin G, Kilic M, Varol E A, Putun A E. Produção de carvão ativado quimicamente a partir de resíduos agrícolas de grão-de-bico e sua aplicação para adsorção de metais pesados: estudos de equilíbrio, cinética e termodinâmica. Applied Water Science, 2019;9(3). https://doi.org/10.1007/s13201-019-0942-8.

81. Sivakumar B, Kannan C, Karthikeyan S. Preparação e caraterização de carvão ativado preparado a partir de resíduos de madeira de Balsamodendron Caudatum através de vários processos de ativação. Rasayan Journal, 2012;5:321-327.

82. Paryanto, Wibowo W. A., Hantoko D., Saputro M. E., (2019). Preparação de carvão ativado a partir de resíduos de mangue por ativação química de KOH. Ciência e Engenharia de Materiais, 543 012087.

83. Método de ensaio normalizado para a determinação do índice de iodo do carvão ativado, designação ASTM: D4607-94.

84. Oubagaranadin J U K, Murthy Z V P. Activated carbons: classifications, properties and applications, chapter-6-Chemical Engineering Methods and Technology 2012.

85. W Li, Yang K, Peng, J, Zhang L, Guo S, Xia H. Efeitos das Temperaturas de Carbonização nas Características de Porosidade em Alcatrão de Casca de Coco e Carvão Ativado Derivado de Alcatrão de Casca de Coco Carbonizado. Industrial Crops and Products. 2008;28:190-198. https://doi.org/10.1016/j.indcrop.2008.02.012.

86. Daifullah A A, Girgis B S, Gad H M. Utilização de agro-resíduos (casca de arroz) em pequenas estações de tratamento de águas residuais. Mater. Lett. 2003;57:1723-1731.

87. Harry M, Rodríguez R F, Activated Carbon, capítulo 9, produção e material de referência, www.sciencedirect.com, 2006:454-508.

88. E. R. Raut, M. A. Bedmohata e A. R. Chaudhari, AIP Conference Proceedings, **2417**, 020011 (2021); https://doi.org/10.1063/5.0072755.

89. E. R. Raut, M. A. Bedmohata e A. R. Chaudhari, Journal of Physics, **1913**,

012091 (2021). doi:10.1088/1742-6596/1913/1/012091.

90. E. R. Raut, M. A. Bedmohata e A. R. Chaudhari,
MaterialsToday:Proceedings, **66(4)**, 1875-1884
(2022).https://doi.org/10.1016/j.matpr.2022.05.413.

91. E. R. Raut, M. A. Bedmohata e A. R. Chaudhari, Water Science &
Technology, **87(9)**,
2233 (2023). doi: 10.2166/wst.2023.134.

92. Singh K, Waziri S A. Carvões activados precursores de carolo de milho e casca de coco na remediação de metais pesados de águas residuais de refinarias de petróleo. Jornal de Materiais e Ciências Ambientais, 2019;10(7):657-667.

93. Nageeb M R. Adsorption Technique for the Removal of Organic Pollutants from Water and Wastewater, Book chapter-7, Organic Pollutants - Monitoring, Risk and Treatment, (Intechopen, 2013).

94. Ghosh S, Santhosh R, Jeniffer S, Raghavan V, Jacob G, Nanaji K, P, Jeong S K, Grace A N. Carbono duro derivado de biomassa natural e carvões ativados como eletrodos de supercapacitores eletroquímicos. Scientific Reports, 2019;9:16315. https://doi.org/10.1038/s41598-019-52006-x.

95. Hassan M F, Sabri M A, Fazal H, Hafeez A, Shahzad N, Hussain M. Tendências recentes na produção de fibras de carbono activadas a partir de vários precursores e aplicações - uma revisão comparativa. Journal of Analytical and Applied Pyrolysis, 2020;145:104715. https://doi.org/10.1016/j.jaap.2019.104715.